From

Just Visualize It

Copyrighted

Subject / Process	Document(s) or Records	Date

Priorities or PDCA reference

- ☐ _____
- ☐ _____
- ☐ _____
- ☐ _____

People – Positions - Area

_____

_____

_____

_____

Observations / Notes / Evidence/ 'Items to Return to' / Questions / Actions	_____	✓

Subject / Process	Document(s) or Records	Date

Priorities or PDCA reference

- ☐ _____
- ☐ _____
- ☐ _____
- ☐ _____

People – Positions - Area

_____

_____

_____

_____

Observations / Notes / Evidence/ 'Items to Return to' / Questions / Actions	_____	✓

Subject / Process	Document(s) or Records	Date

Priorities or PDCA reference

People – Positions - Area

- ☐ _____
- ☐ _____
- ☐ _____
- ☐ _____

_____
_____
_____
_____

Observations / Notes / Evidence/ 'Items to Return to' / Questions / Actions	_____	✓

Subject / Process	Document(s) or Records	Date

Priorities or PDCA reference

- ☐ _____
- ☐ _____
- ☐ _____
- ☐ _____

People – Positions - Area

_____

_____

_____

_____

Observations / Notes / Evidence/ 'Items to Return to' / Questions / Actions	_____	✓

Subject / Process	Document(s) or Records	Date

Priorities or PDCA reference

People – Positions - Area

- ☐ _____
- ☐ _____
- ☐ _____
- ☐ _____

_____

_____

_____

_____

Observations / Notes / Evidence/ 'Items to Return to' / Questions / Actions	_____	✓

Subject / Process	Document(s) or Records	Date

Priorities or PDCA reference

☐ _____
☐ _____
☐ _____
☐ _____

People – Positions - Area

_____
_____
_____
_____

Observations / Notes / Evidence/ 'Items to Return to' / Questions / Actions	_____	✓

Subject / Process	Document(s) or Records	Date

Priorities or PDCA reference

☐ _____
☐ _____
☐ _____
☐ _____

People – Positions - Area

_____
_____
_____
_____

Observations / Notes / Evidence/ 'Items to Return to' / Questions / Actions	_____	✓

Subject / Process	Document(s) or Records	Date

Priorities or PDCA reference

- ☐ _____
- ☐ _____
- ☐ _____
- ☐ _____

People – Positions - Area

_____

_____

_____

_____

Observations / Notes / Evidence/ 'Items to Return to' / Questions / Actions	_____	✓

Subject / Process	Document(s) or Records	Date

- ☐ _____
- ☐ _____
- ☐ _____
- ☐ _____

People – Positions - Area

_____

_____

_____

_____

Observations / Notes / Evidence/ 'Items to Return to' / Questions / Actions	_____	✓

Subject / Process	Document(s) or Records	Date

Priorities or PDCA reference

- ☐ _____
- ☐ _____
- ☐ _____
- ☐ _____

People – Positions - Area

_____

_____

_____

_____

Observations / Notes / Evidence/ 'Items to Return to' / Questions / Actions	_____	✓

Subject / Process	Document(s) or Records	Date

Priorities or PDCA reference

- ☐ _____
- ☐ _____
- ☐ _____
- ☐ _____

People – Positions - Area

_____

_____

_____

_____

Observations / Notes / Evidence/ 'Items to Return to' / Questions / Actions	_____	✓

Subject / Process	Document(s) or Records	Date

Priorities or PDCA reference

- ☐ _____
- ☐ _____
- ☐ _____
- ☐ _____

People – Positions - Area

_____

_____

_____

_____

Observations / Notes / Evidence/ 'Items to Return to' / Questions / Actions	_____	✓

Subject / Process	Document(s) or Records	Date

Priorities or PDCA reference

People – Positions - Area

- ☐ _____
- ☐ _____
- ☐ _____
- ☐ _____

_____

_____

_____

_____

Observations / Notes / Evidence/ 'Items to Return to' / Questions / Actions	_____	✓

Subject / Process	Document(s) or Records	Date

Priorities or PDCA reference

- ☐ _____
- ☐ _____
- ☐ _____
- ☐ _____

People – Positions - Area

_____

_____

_____

_____

Observations / Notes / Evidence/ 'Items to Return to' / Questions / Actions	_____	✓

Subject / Process	Document(s) or Records	Date

Priorities or PDCA reference

- ☐ _____
- ☐ _____
- ☐ _____
- ☐ _____

People – Positions - Area

_____

_____

_____

_____

Observations / Notes / Evidence/ 'Items to Return to' / Questions / Actions	_____	✓

Subject / Process	Document(s) or Records	Date

Priorities or PDCA reference

- ☐ _____
- ☐ _____
- ☐ _____
- ☐ _____

People – Positions - Area

_____

_____

_____

_____

Observations / Notes / Evidence/ 'Items to Return to' / Questions / Actions	_____	✓

Subject / Process	Document(s) or Records	Date

Priorities or PDCA reference

- ☐ _____
- ☐ _____
- ☐ _____
- ☐ _____

People – Positions - Area

_____

_____

_____

_____

Observations / Notes / Evidence/ 'Items to Return to' / Questions / Actions	_____	✓

Subject / Process	Document(s) or Records	Date

Priorities or PDCA reference

People – Positions - Area

☐ _____
☐ _____
☐ _____
☐ _____

_____
_____
_____
_____

Observations / Notes / Evidence/ 'Items to Return to' / Questions / Actions	_____	✓

Subject / Process	Document(s) or Records	Date

Priorities or PDCA reference

- ☐ _____
- ☐ _____
- ☐ _____
- ☐ _____

People – Positions - Area

_____

_____

_____

_____

Observations / Notes / Evidence/ 'Items to Return to' / Questions / Actions	_____	✓

Subject / Process	Document(s) or Records	Date

Priorities or PDCA reference

- ☐ _____
- ☐ _____
- ☐ _____
- ☐ _____

People – Positions - Area

_____

_____

_____

_____

Observations / Notes / Evidence/ 'Items to Return to' / Questions / Actions	_____	✓

Subject / Process	Document(s) or Records	Date

Priorities or PDCA reference

- [ ] _____
- [ ] _____
- [ ] _____
- [ ] _____

People – Positions - Area

_____

_____

_____

_____

Observations / Notes / Evidence/ 'Items to Return to' / Questions / Actions	_____	✓

Subject / Process	Document(s) or Records	Date

Priorities or PDCA reference

- ☐ _____
- ☐ _____
- ☐ _____
- ☐ _____

People – Positions - Area

_____

_____

_____

_____

Observations / Notes / Evidence/ 'Items to Return to' / Questions / Actions	_____	✓

Subject / Process	Document(s) or Records	Date

Priorities or PDCA reference

- ☐ _____
- ☐ _____
- ☐ _____
- ☐ _____

People – Positions - Area

_____

_____

_____

_____

Observations / Notes / Evidence/ 'Items to Return to' / Questions / Actions	_____	✓

Subject / Process	Document(s) or Records	Date

Priorities or PDCA reference

- ☐ _____
- ☐ _____
- ☐ _____
- ☐ _____

People – Positions - Area

_____

_____

_____

_____

Observations / Notes / Evidence/ 'Items to Return to' / Questions / Actions	_____	✓

Subject / Process	Document(s) or Records	Date

Priorities or PDCA reference

- ☐ _____
- ☐ _____
- ☐ _____
- ☐ _____

People – Positions - Area

_____

_____

_____

_____

Observations / Notes / Evidence/ 'Items to Return to' / Questions / Actions	_____	✓

Subject / Process	Document(s) or Records	Date

☐ _____
☐ _____
☐ _____
☐ _____

People – Positions - Area

_____
_____
_____
_____

Observations / Notes / Evidence/ 'Items to Return to' / Questions / Actions	_____	✓

Subject / Process	Document(s) or Records	Date

Priorities or PDCA reference

☐ _____
☐ _____
☐ _____
☐ _____

People – Positions - Area

_____

_____

_____

_____

Observations / Notes / Evidence/ 'Items to Return to' / Questions / Actions	_____	✓

Subject / Process	Document(s) or Records	Date

Priorities or PDCA reference

- ☐ _____
- ☐ _____
- ☐ _____
- ☐ _____

People – Positions - Area

_____

_____

_____

_____

Observations / Notes / Evidence/ 'Items to Return to' / Questions / Actions	_____	✓

Subject / Process	Document(s) or Records	Date

Priorities or PDCA reference

☐ _____
☐ _____
☐ _____
☐ _____

People – Positions - Area

_____
_____
_____
_____

Observations / Notes / Evidence/ 'Items to Return to' / Questions / Actions	_____	✓

Subject / Process	Document(s) or Records	Date

Priorities or PDCA reference

- ☐ _____
- ☐ _____
- ☐ _____
- ☐ _____

People – Positions - Area

_____

_____

_____

_____

Observations / Notes / Evidence/ 'Items to Return to' / Questions / Actions	_____	✓

Subject / Process	Document(s) or Records	Date

Priorities or PDCA reference

- ☐ _____
- ☐ _____
- ☐ _____
- ☐ _____

People – Positions - Area

_____

_____

_____

_____

Observations / Notes / Evidence/ 'Items to Return to' / Questions / Actions	_____	✓

Subject / Process	Document(s) or Records	Date

Priorities or PDCA reference

☐ _____
☐ _____
☐ _____
☐ _____

People – Positions - Area

_____
_____
_____
_____

Observations / Notes / Evidence/ 'Items to Return to' / Questions / Actions	_____	✓

Subject / Process	Document(s) or Records	Date

Priorities or PDCA reference

☐ _____

☐ _____

☐ _____

☐ _____

People – Positions - Area

_____

_____

_____

_____

Observations / Notes / Evidence/ 'Items to Return to' / Questions / Actions	_____	✓

Subject / Process	Document(s) or Records	Date

Priorities or PDCA reference

- ☐ _____
- ☐ _____
- ☐ _____
- ☐ _____

People – Positions - Area

_____

_____

_____

_____

Observations / Notes / Evidence/ 'Items to Return to' / Questions / Actions	_____	✓

Subject / Process	Document(s) or Records	Date

Priorities or PDCA reference

People – Positions - Area

- ☐ _____
- ☐ _____
- ☐ _____
- ☐ _____

_____

_____

_____

_____

Observations / Notes / Evidence/ 'Items to Return to' / Questions / Actions	_____	✓

Subject / Process	Document(s) or Records	Date

Priorities or PDCA reference

☐ _____
☐ _____
☐ _____
☐ _____

People – Positions - Area

_____
_____
_____
_____

Observations / Notes / Evidence/ 'Items to Return to' / Questions / Actions	_____	✓

Subject / Process	Document(s) or Records	Date

Priorities or PDCA reference

- ☐ _____
- ☐ _____
- ☐ _____
- ☐ _____

People – Positions - Area

_____

_____

_____

_____

Observations / Notes / Evidence/ 'Items to Return to' / Questions / Actions	_____	✓

Subject / Process	Document(s) or Records	Date

Priorities or PDCA reference

☐ _____
☐ _____
☐ _____
☐ _____

People – Positions - Area

_____
_____
_____
_____

Observations / Notes / Evidence/ 'Items to Return to' / Questions / Actions	_____	✓

Subject / Process	Document(s) or Records	Date

Priorities or PDCA reference

People – Positions - Area

- ☐ _____
- ☐ _____
- ☐ _____
- ☐ _____

_____

_____

_____

_____

Observations / Notes / Evidence/ 'Items to Return to' / Questions / Actions	_____	✓

Subject / Process	Document(s) or Records	Date

Priorities or PDCA reference

- [ ] _____
- [ ] _____
- [ ] _____
- [ ] _____

People – Positions - Area

_____

_____

_____

_____

Observations / Notes / Evidence/ 'Items to Return to' / Questions / Actions	_____	✓

Subject / Process	Document(s) or Records	Date

Priorities or PDCA reference

☐ _____

☐ _____

☐ _____

☐ _____

People – Positions - Area

_____

_____

_____

_____

Observations / Notes / Evidence/ 'Items to Return to' / Questions / Actions	_____	✓

Subject / Process	Document(s) or Records	Date

Priorities or PDCA reference

- ☐ _____
- ☐ _____
- ☐ _____
- ☐ _____

People – Positions - Area

_____

_____

_____

_____

Observations / Notes / Evidence/ 'Items to Return to' / Questions / Actions	_____	✓

Subject / Process	Document(s) or Records	Date

Priorities or PDCA reference

- ☐ _____
- ☐ _____
- ☐ _____
- ☐ _____

People – Positions - Area

_____

_____

_____

_____

Observations / Notes / Evidence/ 'Items to Return to' / Questions / Actions	_____	✓

Subject / Process	Document(s) or Records	Date

Priorities or PDCA reference

- ☐ _____
- ☐ _____
- ☐ _____
- ☐ _____

People – Positions - Area

_____

_____

_____

_____

Observations / Notes / Evidence/ 'Items to Return to' / Questions / Actions	_____	✓

Subject / Process	Document(s) or Records	Date

Priorities or PDCA reference

- ☐ _____
- ☐ _____
- ☐ _____
- ☐ _____

People – Positions - Area

_____

_____

_____

_____

Observations / Notes / Evidence/ 'Items to Return to' / Questions / Actions	_____	✓

Subject / Process	Document(s) or Records	Date

Priorities or PDCA reference

- ☐ _____
- ☐ _____
- ☐ _____
- ☐ _____

People – Positions - Area

_____

_____

_____

_____

Observations / Notes / Evidence/ 'Items to Return to' / Questions / Actions	_____	✓

Subject / Process	Document(s) or Records	Date

Priorities or PDCA reference

People – Positions - Area

- [ ] _____
- [ ] _____
- [ ] _____
- [ ] _____

_____

_____

_____

_____

Observations / Notes / Evidence/ 'Items to Return to' / Questions / Actions	_____	✓

Subject / Process	Document(s) or Records	Date

Priorities or PDCA reference

- ☐ _____
- ☐ _____
- ☐ _____
- ☐ _____

People – Positions - Area

_____

_____

_____

_____

Observations / Notes / Evidence/ 'Items to Return to' / Questions / Actions	_____	✓

Subject / Process	Document(s) or Records	Date

Priorities or PDCA reference

☐ _____

☐ _____

☐ _____

☐ _____

People – Positions - Area

_____

_____

_____

_____

Observations / Notes / Evidence/ 'Items to Return to' / Questions / Actions	_____	✓

Subject / Process	Document(s) or Records	Date

Priorities or PDCA reference

People – Positions - Area

☐ _____

☐ _____

☐ _____

☐ _____

_____

_____

_____

_____

Observations / Notes / Evidence/ 'Items to Return to' / Questions / Actions	_____	✓

Subject / Process	Document(s) or Records	Date

☐ _____
☐ _____
☐ _____
☐ _____

_____
_____
_____
_____

Observations / Notes / Evidence/ 'Items to Return to' / Questions / Actions	_____	✓

Subject / Process	Document(s) or Records	Date

- ☐ _____
- ☐ _____
- ☐ _____
- ☐ _____

People – Positions - Area

_____

_____

_____

_____

Observations / Notes / Evidence/ 'Items to Return to' / Questions / Actions	_____	✓

Subject / Process	Document(s) or Records	Date

Priorities or PDCA reference

- ☐ _____
- ☐ _____
- ☐ _____
- ☐ _____

People – Positions - Area

_____

_____

_____

_____

Observations / Notes / Evidence/ 'Items to Return to' / Questions / Actions	_____	✓

Subject / Process	Document(s) or Records	Date

☐ _____

☐ _____

☐ _____

☐ _____

_____

_____

_____

_____

Observations / Notes / Evidence/ 'Items to Return to' / Questions / Actions	_____	✓

Subject / Process	Document(s) or Records	Date

Priorities or PDCA reference

☐ _____
☐ _____
☐ _____
☐ _____

People – Positions - Area

_____
_____
_____
_____

Observations / Notes / Evidence/ 'Items to Return to' / Questions / Actions	_____	✓

Subject / Process	Document(s) or Records	Date

Priorities or PDCA reference

- ☐ _____
- ☐ _____
- ☐ _____
- ☐ _____

People – Positions - Area

_____

_____

_____

_____

Observations / Notes / Evidence/ 'Items to Return to' / Questions / Actions	_____	✓

Subject / Process	Document(s) or Records	Date

Priorities or PDCA reference

- [ ] _____
- [ ] _____
- [ ] _____
- [ ] _____

People – Positions - Area

_____

_____

_____

_____

Observations / Notes / Evidence/ 'Items to Return to' / Questions / Actions	_____	✓

Subject / Process	Document(s) or Records	Date

Priorities or PDCA reference

- ☐ _____
- ☐ _____
- ☐ _____
- ☐ _____

People – Positions - Area

_____

_____

_____

_____

Observations / Notes / Evidence/ 'Items to Return to' / Questions / Actions	_____	✓

Subject / Process	Document(s) or Records	Date

Priorities or PDCA reference

☐ _____
☐ _____
☐ _____
☐ _____

People – Positions - Area

_____
_____
_____
_____

Observations / Notes / Evidence/ 'Items to Return to' / Questions / Actions	_____	✓

Subject / Process	Document(s) or Records	Date

☐ _____   _____

☐ _____   _____

☐ _____   _____

☐ _____   _____

Observations / Notes / Evidence/ 'Items to Return to' / Questions / Actions	_____	✓

Subject / Process	Document(s) or Records	Date

Priorities or PDCA reference

- ☐ _____
- ☐ _____
- ☐ _____
- ☐ _____

People – Positions - Area

_____

_____

_____

_____

Observations / Notes / Evidence/ 'Items to Return to' / Questions / Actions	_____	✓

Subject / Process	Document(s) or Records	Date

Priorities or PDCA reference

- ☐ _____
- ☐ _____
- ☐ _____
- ☐ _____

People – Positions - Area

_____

_____

_____

_____

Observations / Notes / Evidence/ 'Items to Return to' / Questions / Actions	_____	✓

Subject / Process	Document(s) or Records	Date

Priorities or PDCA reference

- ☐ _____
- ☐ _____
- ☐ _____
- ☐ _____

People – Positions - Area

_____

_____

_____

_____

Observations / Notes / Evidence/ 'Items to Return to' / Questions / Actions	_____	✓

Subject / Process	Document(s) or Records	Date

Observations / Notes / Evidence/ 'Items to Return to' / Questions / Actions	_____	✓

Subject / Process	Document(s) or Records	Date

Priorities or PDCA reference

☐ _____
☐ _____
☐ _____
☐ _____

People – Positions - Area

_____
_____
_____
_____

Observations / Notes / Evidence/ 'Items to Return to' / Questions / Actions	_____	✓

Subject / Process	Document(s) or Records	Date

- ☐ _____
- ☐ _____
- ☐ _____
- ☐ _____

People – Positions - Area

_____

_____

_____

_____

Observations / Notes / Evidence/ 'Items to Return to' / Questions / Actions	_____	✓

Subject / Process	Document(s) or Records	Date

Priorities or PDCA reference

- ☐ _____
- ☐ _____
- ☐ _____
- ☐ _____

People – Positions - Area

_____

_____

_____

_____

Observations / Notes / Evidence/ 'Items to Return to' / Questions / Actions	_____	✓

Subject / Process	Document(s) or Records	Date

Priorities or PDCA reference

- ☐ _____
- ☐ _____
- ☐ _____
- ☐ _____

People – Positions - Area

_____

_____

_____

_____

Observations / Notes / Evidence/ 'Items to Return to' / Questions / Actions	_____	✓

Subject / Process	Document(s) or Records	Date

Priorities or PDCA reference

- ☐ _____
- ☐ _____
- ☐ _____
- ☐ _____

People – Positions - Area

_____

_____

_____

_____

Observations / Notes / Evidence/ 'Items to Return to' / Questions / Actions	_____	✓

Subject / Process	Document(s) or Records	Date

- ☐ _____
- ☐ _____
- ☐ _____
- ☐ _____

People – Positions - Area

_____

_____

_____

_____

Observations / Notes / Evidence/ 'Items to Return to' / Questions / Actions	_____	✓

Subject / Process	Document(s) or Records	Date

Priorities or PDCA reference

☐ _____
☐ _____
☐ _____
☐ _____

People – Positions - Area

_____
_____
_____
_____

Observations / Notes / Evidence/ 'Items to Return to' / Questions / Actions	_____	✓

Subject / Process	Document(s) or Records	Date

Priorities or PDCA reference

☐ _____
☐ _____
☐ _____
☐ _____

People – Positions - Area

_____
_____
_____
_____

Observations / Notes / Evidence/ 'Items to Return to' / Questions / Actions	_____	✓

Subject / Process	Document(s) or Records	Date

Priorities or PDCA reference

☐ _____
☐ _____
☐ _____
☐ _____

People – Positions - Area

_____
_____
_____
_____

Observations / Notes / Evidence/ 'Items to Return to' / Questions / Actions	_____	✓

Subject / Process	Document(s) or Records	Date

Priorities or PDCA reference

- ☐ _____
- ☐ _____
- ☐ _____
- ☐ _____

People – Positions - Area

_____

_____

_____

_____

Observations / Notes / Evidence/ 'Items to Return to' / Questions / Actions	_____	✓

Subject / Process	Document(s) or Records	Date

Priorities or PDCA reference

People – Positions - Area

☐ _____
☐ _____
☐ _____
☐ _____

_____
_____
_____
_____

Observations / Notes / Evidence/ 'Items to Return to' / Questions / Actions	_____	✓

Subject / Process	Document(s) or Records	Date

Priorities or PDCA reference

- ☐ _____
- ☐ _____
- ☐ _____
- ☐ _____

People – Positions - Area

_____

_____

_____

_____

Observations / Notes / Evidence/ 'Items to Return to' / Questions / Actions	_____	✓

Subject / Process	Document(s) or Records	Date

Priorities or PDCA reference

- ☐ _____
- ☐ _____
- ☐ _____
- ☐ _____

People – Positions - Area

_____

_____

_____

_____

Observations / Notes / Evidence/ 'Items to Return to' / Questions / Actions	_____	✓

Subject / Process	Document(s) or Records	Date

Priorities or PDCA reference

- [ ] _____
- [ ] _____
- [ ] _____
- [ ] _____

People – Positions - Area

_____

_____

_____

_____

Observations / Notes / Evidence/ 'Items to Return to' / Questions / Actions	_____	✓

Subject / Process	Document(s) or Records	Date

Priorities or PDCA reference

- ☐ _____
- ☐ _____
- ☐ _____
- ☐ _____

People – Positions - Area

_____

_____

_____

_____

Observations / Notes / Evidence/ 'Items to Return to' / Questions / Actions	_____	✓

Subject / Process	Document(s) or Records	Date

☐ _____
☐ _____
☐ _____
☐ _____

People – Positions - Area

_____
_____
_____
_____

Observations / Notes / Evidence/ 'Items to Return to' / Questions / Actions	_____	✓

Made in United States
North Haven, CT
27 May 2022

19591951R00089